● 浙江生物多样性保护研究系列 ●

Biodiversity Conservation Research Series in Zhejiang, China

丽水常见外来植物图鉴

Atlas of Common Exotic Plants in Lishui

李泽建　吴东浩　王军峰　著

中国农业科学技术出版社

China Agricultural Science and Technology Press

图书在版编目（CIP）数据

丽水常见外来植物图鉴 / 李泽建，吴东浩，王军峰著 . -- 北京：中国农业科学技术出版社，2023.8

ISBN 978-7-5116-6356-6

Ⅰ.①丽… Ⅱ.①李… ②吴… ③王… Ⅲ.①外来种—植物—丽水—图集 Ⅳ.① Q941-64

中国国家版本馆 CIP 数据核字（2023）第 130349 号

责任编辑	张志花
责任校对	王　彦
责任印制	姜义伟　王思文

出 版 者	中国农业科学技术出版社
	北京市中关村南大街 12 号　　邮编：100081
电　　话	（010）82106636（编辑室）（010）82109702（发行部）
	（010）82109709（读者服务部）
传　　真	（010）82106631
网　　址	http://castp.caas.cn
经 销 者	各地新华书店
印 刷 者	北京科信印刷有限公司
开　　本	185 mm×260 mm　1/16
印　　张	17
字　　数	255 千字
版　　次	2023 年 8 月第 1 版　2023 年 8 月第 1 次印刷
定　　价	238.00 元

Biodiversity Conservation Research Series in Zhejiang, China

Atlas of Common Exotic Plants in Lishui

Li Zejian, Wu Donghao, Wang Junfeng

China Agricultural Science and Technology Press

《丽水常见外来植物图鉴》

著　者：

李泽建　吴东浩　王军峰

摄　影：

吴东浩　王军峰　李泽建　钟建平　刘萌萌

谢文远　梅旭东　彭慧宁　陈旭波　蒋燕锋

徐　必　桑雅清　马贝贝　金　夕　任　磊

组织编写单位：

华东药用植物园科研管理中心

前　言

随着社会经济的发展，中国已成为遭受外来生物（包括外来植物和外来动物）入侵危害最严重的国家之一，浙江省丽水市也深受影响。本书所指外来植物，是指通过自然及人类活动等，无意或有意地由境外传播或引入国内，通常能在丽水市域内建立可繁殖种群的植物。

本书是李泽建博士领衔的丽水市生物多样性保护与资源创新研究团队编撰的又一生物类著作，属于浙江生物多样性保护研究系列卷册之六。作者团队成员立足丽水地域（含莲都区、龙泉市、青田县、云和县、庆元县、缙云县、遂昌县、松阳县、景宁县），经过 3 年（2019—2022 年）详细调查，撰写完成此科普性和可读性均较强、基于外来植物物种资源的生物学专题著作。书中精选图片近 500 幅，记载丽水常见外来植物 44 科 126 种，物种顺序参考《浙江植物志（新编）》和《中国植物志》进行编排；对外来植物的原产地、国内分布（丽水的分布情况在"浙江"后加"括号"进行说明）、繁殖方式、生境及传播方式进行了简要介绍；并根据考察所见情况，将丽水外来植物的常见程度分为"常见（包括散生）""很常见（包括分布点较少但蔓延速度快）""泛滥"三个等级，在文内分别以符号"+""++""+++"表示。本书为丽水外来植物种类、分布等提供了重要基础研究素材，为浙西南山区物种数据库提供了重要的基础数据，并对外来物种的治理提供了较为翔实的基础资料。

感谢陈征海正高级工程师、丁炳扬教授和谢文远高级工程师为本书的编写所给予的悉心指导。感谢"丽水市 2021 年、2023 年博士后科研工作站绩效考核奖励专项"和"浙西南外来植物种类资源本底调查与评价"科学研究专项经费的共同资助。

由于水平所限，书中难免有不足与疏漏之处，敬请读者批评指正。

著　者

2023 年 5 月

目　录

胡椒科 Piperaceae

1. 草胡椒

拉丁学名　*Peperomia pellucida*
原产地　美洲热带地区
国内分布　浙江（莲都、龙泉、青田、云和、庆元、缙云、遂昌、松阳、景宁）、北京、河北、上海、安徽、福建、江西、湖北、湖南、广东、广西、海南、云南、西藏、台湾、香港、澳门
繁殖方式　种子
生　境　潮湿岩壁、石缝、墙角，或为园圃杂草
传播方式　种子细小，易随水流、风力或带土苗木传播
常见程度　+

毛茛科 Ranunculaceae

2. 刺果毛茛

拉丁学名	*Ranunculus muricatus*
原产地	欧洲、西亚
国内分布	浙江（莲都、青田、松阳）、上海、江苏、安徽、江西、河南、四川、陕西
繁殖方式	种子
生 境	道旁、田野、绿地、杂草丛
传播方式	随苗木运输传播，带钩刺的成熟果实亦可附着于动物身上传播
常见程度	+

荨麻科 Urticaceae

3. 小叶冷水花

拉丁学名	*Pilea microphylla*
原 产 地	美洲热带地区
国内分布	浙江（莲都、龙泉、青田、云和、庆元、缙云、遂昌、松阳、景宁）、山西、上海、江苏、安徽、福建、湖北、湖南、广东、广西、海南、重庆、贵州、云南、台湾、香港、澳门
繁殖方式	种子、茎段
生　境	路旁、石缝、墙角、沟渠与低海拔山地
传播方式	随带土苗木传播为主，也可短距离自然传播
常见程度	++

商陆科 Phytolaccaceae

4. 垂序商陆

拉丁学名	*Phytolacca americana*
原 产 地	北美洲
国内分布	浙江（莲都、龙泉、青田、云和、庆元、缙云、遂昌、松阳、景宁）、北京、天津、河北、辽宁、黑龙江、上海、江苏、安徽、福建、江西、山东、河南、湖北、湖南、广东、广西、重庆、四川、贵州、云南、西藏、陕西、甘肃、台湾
繁殖方式	种子
生 境	路边荒地、房前屋后、农田等
传播方式	以药用和观赏植物引种栽培，果实被动物食用后借助粪便传播
常见程度	+++

紫茉莉科 Nyctaginaceae

5. 紫茉莉

拉丁学名 *Mirabilis jalapa*

原 产 地 美洲热带地区

国内分布 浙江（莲都、龙泉、青田、云和、庆元、缙云、遂昌、松阳、景宁）、北京、天津、河北、山西、辽宁、上海、江苏、安徽、福建、江西、山东、河南、湖北、湖南、广东、广西、海南、重庆、四川、贵州、云南、西藏、陕西、甘肃、新疆、台湾、澳门

繁殖方式 种子、肉质根、茎段

生　　境 路边荒地、公园绿地、房前屋后

传播方式 作为观赏植物及药材人为引种栽培后，逸生于周边环境

常见程度 ++

仙人掌科 Cactaceae

6. 缩刺仙人掌

拉丁学名　*Opuntia stricta*
原 产 地　美洲墨西哥湾海岸
国内分布　浙江（莲都、龙泉、遂昌、景宁）、广东、江苏、山东
繁殖方式　茎节
生　　境　村边、路旁
传播方式　作为绿篱与观赏植物引种后逸生
常见程度　+

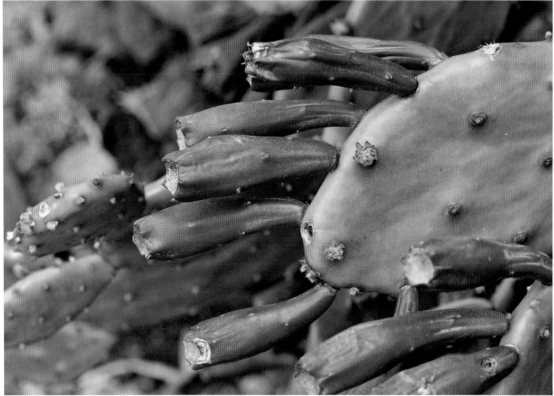

7. 单刺仙人掌

拉丁学名	*Opuntia monacantha*
原 产 地	南美洲
国内分布	浙江（莲都、青田、景宁）、重庆、福建、广东、广西、贵州、海南、黑龙江、湖北、湖南、四川、台湾、西藏、云南
繁殖方式	茎节
生 境	村边、路旁
传播方式	作为绿篱与观赏植物引入后逸生
常见程度	+

藜科 Chenopodiaceae

8. 土荆芥

拉丁学名 *Dysphania ambrosioides*

原产地 美洲热带地区

国内分布 浙江（莲都、龙泉、青田、云和、庆元、缙云、遂昌、松阳、景宁）、北京、天津、河北、山西、辽宁、吉林、黑龙江、江苏、安徽、福建、江西、山东、河南、湖北、湖南、广东、广西、海南、重庆、四川、贵州、云南、陕西、甘肃、新疆、台湾

繁殖方式 种子

生　　境 房前屋后、路旁、荒地、河岸、农田等

传播方式 随人类活动（农事、运输等）或随气流、水流传播

常见程度 ++

苋科 Amaranthaceae

9. 喜旱莲子草

拉丁学名	*Alternanthera philoxeroides*
原 产 地	南美洲巴拉那河流域
国内分布	浙江（莲都、龙泉、青田、云和、庆元、缙云、遂昌、松阳、景宁）、北京、河北、上海、江苏、安徽、福建、江西、山东、河南、湖北、湖南、广东、广西、海南、重庆、四川、贵州、云南、陕西、青海
繁殖方式	茎段、根状茎、贮藏根
生　境	河边、水塘边、路旁、荒地、绿化带
传播方式	作为饲料引入，主茎无限延长与分枝，随人类活动及水流扩散
常见程度	+++

10. 凹头苋

拉丁学名　*Amaranthus blitum*

原产地　地中海地区、欧亚大陆和北非

国内分布　浙江（莲都、龙泉、青田、云和、庆元、缙云、遂昌、松阳、景宁）、北京、天津、河北、山西、辽宁、吉林、黑龙江、江苏、安徽、福建、江西、山东、河南、湖北、湖南、广东、广西、重庆、四川、贵州、云南、陕西、甘肃、新疆、台湾

繁殖方式　种子

生　境　路边、荒地、河岸、草地

传播方式　可能作为药用和蔬菜引入后逸生，借风力、水流与鸟粪传播

常见程度　+

11. 刺苋

拉丁学名	*Amaranthus spinosus*
原 产 地	美洲热带地区

国内分布 浙江（莲都、龙泉、青田、云和、庆元、缙云、遂昌、松阳、景宁）、北京、河北、上海、江苏、安徽、福建、江西、山东、河南、湖北、湖南、广东、广西、海南、重庆、四川、贵州、云南、陕西、台湾、香港

繁殖方式	种子
生　　境	耕地、菜地、路边、垃圾堆、荒地、河岸
传播方式	借助水流、风力等自然扩散
常见程度	++

12. 假刺苋

拉丁学名	*Amaranthus dubius*
原 产 地	美洲热带地区及西印度群岛
国内分布	浙江（莲都）、安徽、福建、广东、海南、河南、江西、台湾、云南
繁殖方式	种子
生　　境	菜地、路边、河岸
传播方式	随人类活动、鸟类迁徙传播
常见程度	+

13. 皱果苋

拉丁学名 *Amaranthus viridis*

原产地 南美洲

国内分布 浙江（莲都、龙泉、青田、云和、庆元、缙云、遂昌、松阳、景宁）、北京、天津、河北、山西、辽宁、吉林、黑龙江、上海、江苏、安徽、福建、江西、山东、河南、湖北、湖南、广东、广西、海南、重庆、四川、贵州、云南、陕西、甘肃、台湾、香港

繁殖方式 种子

生　境 农田、铁路与公路边、垃圾场、荒地、河岸

传播方式 借助风力、水流、鸟类等传播

常见程度 +

14. 繁穗苋

拉丁学名 *Amaranthus cruentus*

原产地 中美洲

国内分布 浙江（莲都、龙泉、庆元、缙云）、北京、天津、河北、山西、内蒙古、辽宁、吉林、黑龙江、江苏、安徽、福建、江西、山东、河南、湖北、湖南、广西、海南、重庆、四川、贵州、云南、西藏、陕西、甘肃、青海、宁夏

繁殖方式 种子

生　　境 路边荒地、房前屋后、河边

传播方式 作为染料植物、观赏植物和野菜引入后逸生，借助风力、水流、鸟类等传播

常见程度 +

15. 反枝苋

拉丁学名	*Amaranthus retroflexus*
原 产 地	北美洲
国内分布	浙江（遂昌）、北京、天津、河北、山西、内蒙古、辽宁、吉林、黑龙江、上海、江苏、安徽、福建、江西、山东、河南、湖北、湖南、广西、海南、重庆、四川、贵州、云南、西藏、陕西、甘肃、青海、宁夏、新疆
繁殖方式	种子
生　境	耕地、荒地、路边、河岸
传播方式	借助风力、农机具、水流、鸟类等传播
常见程度	+

16. 绿穗苋

拉丁学名	*Amaranthus hybridus*
原产地	美洲
国内分布	浙江（莲都、龙泉、青田、松阳）、北京、河北、内蒙古、辽宁、黑龙江、上海、江苏、安徽、福建、江西、山东、河南、湖北、湖南、广西、重庆、四川、贵州、云南、陕西、甘肃、新疆
繁殖方式	种子
生　境	耕地、荒地、路边、河岸
传播方式	借助风力、水流、鸟类、农机具等传播
常见程度	+

马齿苋科 Portulacaceae

17. 土人参

拉丁学名	*Talinum paniculatum*
原 产 地	美洲热带地区
国内分布	浙江（莲都、龙泉、青田、云和、庆元、缙云、遂昌、松阳、景宁）、北京、江苏、安徽、福建、江西、河南、湖北、湖南、广东、广西、海南、重庆、四川、贵州、云南、陕西、甘肃、新疆、香港、澳门
繁殖方式	种子
生 境	房前屋后、岩石墙坎等
传播方式	作为药用及观赏植物栽培后逸生
常见程度	++

落葵科 Basellaceae

18. 落葵薯

拉丁学名	*Anredera cordifolia*
原 产 地	南美洲
国内分布	浙江（莲都、龙泉、青田、云和、庆元、缙云、遂昌、松阳、景宁）、辽宁、江苏、福建、江西、湖北、湖南、广东、广西、海南、重庆、四川、贵州、云南、陕西
繁殖方式	腋生小块茎、断枝
生 境	房前屋后、绿化带、荒地、林缘
传播方式	作为药用植物人为引进，珠芽易脱落长成新植株，断枝亦可繁殖
常见程度	++

石竹科 Caryophyllaceae

19. 无瓣繁缕

拉丁学名	*Stellaria pallida*
原 产 地	欧洲中部及西南部
国内分布	浙江（莲都、龙泉、青田、云和、庆元、缙云、遂昌、松阳、景宁）、北京、内蒙古、上海、江苏、安徽、福建、江西、湖北、湖南、广东、重庆、四川、云南、新疆
繁殖方式	种子
生　　境	路边草丛、河岸、荒地、菜地及绿化带中
传播方式	种子极小且轻，易随农事活动和风力传播扩散
常见程度	++

锦葵科 Malvaceae

20. 苘麻

拉丁学名 *Abutilon theophrasti*

原 产 地 印度

国内分布 浙江（莲都、景宁）、北京、天津、河北、山西、辽宁、吉林、黑龙江、上海、江苏、安徽、福建、江西、山东、河南、湖北、湖南、广东、广西、海南、四川、贵州、云南、陕西、甘肃、青海、宁夏、新疆

繁殖方式 种子

生　　境 路旁、荒地、田野

传播方式 作为制作麻类织物的植物人工引种后自然扩散

常见程度 +

秋海棠科 Begoniaceae

21. 四季秋海棠

拉丁学名	*Begonia cucullata*
原产地	巴西和阿根廷
国内分布	浙江（莲都、龙泉、青田、云和、庆元、缙云、遂昌、松阳、景宁）、福建、江西、广东、云南、台湾、澳门
繁殖方式	种子、茎节
生境	路边、沟边、荒地
传播方式	作为观赏植物引种栽培后，逸生于周边环境
常见程度	++

白花菜科 Capparidaceae

22. 皱子白花菜

拉丁学名	*Cleome rutidosperma*
原产地	非洲热带地区
国内分布	浙江（青田）、安徽、广东、广西、海南、云南、台湾、香港
繁殖方式	种子
生　境	低海拔路旁草地、荒地、河滩
传播方式	随带土苗木、水流、风力、农事活动传播
常见程度	+

十字花科 Brassicaceae

23. 臭荠

<table>
<tr><td>拉丁学名</td><td>*Lepidium didymum*</td></tr>
<tr><td>原产地</td><td>南美洲</td></tr>
<tr><td>国内分布</td><td>浙江（莲都、龙泉、青田、云和、庆元、缙云、遂昌、松阳、景宁）、河北、上海、江苏、安徽、江西、山东、河南、湖北、湖南、广东、重庆、四川、云南、西藏、台湾、香港、澳门</td></tr>
<tr><td>繁殖方式</td><td>种子</td></tr>
<tr><td>生　境</td><td>路旁荒地、苗圃、公园草坪、田间</td></tr>
<tr><td>传播方式</td><td>种子细小量多，易随风力、水流、鸟类及人类活动扩散</td></tr>
<tr><td>常见程度</td><td>++</td></tr>
</table>

24. 北美独行菜

拉丁学名	*Lepidium virginicum*
原 产 地	北美洲
国内分布	浙江（莲都、龙泉、青田、云和、庆元、缙云、遂昌、松阳、景宁）、河北、辽宁、上海、江苏、安徽、福建、江西、山东、河南、湖北、湖南、广东、广西、海南、重庆、西藏、台湾
繁殖方式	种子
生 境	路边荒地、山坡草丛、园林绿地、耕地
传播方式	随风力和农业生产活动传播，种子具黏性，可附于动物皮毛传播
常见程度	+++

景天科 Crassulaceae

25. 棒叶落地生根

拉丁学名　*Kalanchoe delagoensis*
原 产 地　马达加斯加
国内分布　浙江（莲都、青田、景宁）、福建、广东、广西、海南、台湾、香港、澳门
繁殖方式　芽、植株片段
生　　境　溪边河岸、路边荒地、房前屋后
传播方式　作为观赏植物引种栽培，常以芽脱落方式扩散
常见程度　+

26. 大叶落地生根

拉丁学名	*Kalanchoe daigremontiana*
原产地	马达加斯加
国内分布	浙江（莲都、龙泉、青田、云和、庆元、缙云、遂昌、松阳、景宁）、福建、广东、广西、贵州、海南、台湾、香港、澳门
繁殖方式	芽、植株片段
生境	路边荒地、房前屋后
传播方式	作为观赏植物引种栽培，常以芽脱落方式扩散
常见程度	+

含羞草科 Mimosaceae

27. 银合欢

拉丁学名 *Leucaena leucocephala*

原产地 美洲热带地区

国内分布 浙江（莲都、青田）、北京、江苏、福建、江西、湖南、广东、广西、海南、重庆、四川、云南、台湾、香港、澳门

繁殖方式 种子

生　境 荒地、路旁

传播方式 人为引进栽培或无意带入

常见程度 +

云实科 Caesalpiniaceae

28. 双荚决明

拉丁学名	*Senna bicapsularis*
原 产 地	美洲热带地区
国内分布	浙江（莲都、龙泉、青田、云和、庆元、缙云、遂昌、松阳、景宁）、辽宁、广东、广西、海南、重庆、贵州、云南、香港、澳门
繁殖方式	种子
生　　境	绿化带、路旁、荒地
传播方式	作为观赏植物引种栽培后逸生
常见程度	++

29. 望江南

拉丁学名　*Senna occidentalis*

原产地　美洲热带地区

国内分布　浙江（莲都、松阳）、北京、河北、山西、黑龙江、江苏、福建、江西、山东、河南、湖北、湖南、广东、广西、海南、重庆、四川、贵州、云南、西藏、陕西、台湾、香港

繁殖方式　种子

生　境　村旁、荒地

传播方式　作为药用植物引种后逸生于周边环境

常见程度　+

蝶形花科 Fabaceae

30. 木豆

拉丁学名　*Cajanus cajan*

原 产 地　印度

国内分布　浙江（莲都、景宁）、北京、河北、山西、江苏、福建、江西、山东、湖北、广东、广西、海南、四川、贵州、云南、台湾

繁殖方式　种子

生　　境　路旁、荒地

传播方式　人为引进栽培后逸生

常见程度　+

31. 猪屎豆

拉丁学名	*Crotalaria pallida*
原产地	可能原产于非洲
国内分布	浙江（莲都）、安徽、福建、山东、湖北、湖南、广东、广西、海南、四川、云南、台湾、香港、澳门
繁殖方式	种子
生 境	路旁、荒地
传播方式	人为引进栽培
常见程度	+

32. 南苜蓿

拉丁学名	*Medicago polymorpha*
原产地	非洲北部、亚洲南部、欧洲南部
国内分布	浙江（莲都）、北京、河北、内蒙古、辽宁、上海、江苏、安徽、福建、江西、山东、河南、湖北、广东、广西、重庆、四川、云南、陕西、甘肃、新疆、台湾
繁殖方式	种子或根蘖
生 境	路旁、草地、田间
传播方式	随人工栽种、混杂于农作物种子中及靠风力传播
常见程度	+

33. 紫苜蓿

拉丁学名	*Medicago sativa*
原产地	西亚
国内分布	浙江（莲都、龙泉、青田、云和、庆元、缙云、遂昌、松阳、景宁）、北京、天津、河北、山西、内蒙古、辽宁、吉林、黑龙江、江苏、安徽、福建、江西、山东、河南、湖北、湖南、广东、广西、重庆、四川、云南、西藏、陕西、甘肃、青海、宁夏、新疆、台湾
繁殖方式	种子或根蘖
生　　境	路旁、草地、田边
传播方式	作为观赏植物引种栽培后逸生
常见程度	++

34. 草木樨

拉丁学名	*Melilotus officinalis*
原产地	西亚至南欧
国内分布	浙江（莲都、景宁、遂昌）、北京、天津、河北、山西、内蒙古、辽宁、吉林、黑龙江、江苏、安徽、福建、江西、山东、河南、湖北、湖南、广东、广西、重庆、四川、云南、西藏、陕西、甘肃、青海、宁夏、新疆、台湾
繁殖方式	种子或根蘖
生　境	路旁、荒地、绿化带
传播方式	作为牧草或绿化植物引进栽培后逸生
常见程度	+

35. 刺槐

拉丁学名 *Robinia pseudoacacia*

原产地 北美洲

国内分布 浙江（莲都、龙泉、青田、云和、庆元、缙云、遂昌、松阳、景宁）、北京、天津、河北、山西、辽宁、吉林、江苏、安徽、江西、山东、河南、湖北、湖南、广东、广西、重庆、四川、贵州、云南、陕西、甘肃、青海、新疆

繁殖方式 种子或根蘖

生　　境 公路旁、荒地

传播方式 作为观赏植物引种栽培，自然增殖

常见程度 ++

36. 紫穗槐

拉丁学名	*Amorpha fruticosa*
原 产 地	美国
国内分布	浙江（莲都、龙泉、青田、云和、庆元、缙云、遂昌、松阳、景宁）、北京、天津、河北、山西、内蒙古、辽宁、吉林、黑龙江、上海、江苏、安徽、福建、江西、山东、河南、湖北、湖南、广东、广西、重庆、四川、贵州、云南、西藏、陕西、甘肃、青海、宁夏、新疆
繁殖方式	根蘖或种子
生　　境	公路旁、荒地
传播方式	作为边坡绿化或蜜源植物引入后逸生
常见程度	+

37. 田菁

拉丁学名	*Sesbania cannabina*
原 产 地	澳大利亚至西南太平洋岛屿
国内分布	浙江（莲都、青田）、天津、河北、辽宁、上海、江苏、安徽、福建、江西、山东、河南、湖北、广东、广西、海南、重庆、四川、贵州、云南、陕西、台湾
繁殖方式	种子
生　　境	田边、路旁、荒坡
传播方式	作为绿肥植物引种栽培，种子自行扩散或借助带土苗木传播
常见程度	+

38. 白车轴草

拉丁学名	*Trifolium repens*
原 产 地	北非、中亚、西亚及欧洲
国内分布	浙江（莲都、龙泉、青田、云和、庆元、缙云、遂昌、松阳、景宁）、北京、山西、辽宁、吉林、黑龙江、上海、江苏、江西、山东、河南、湖北、湖南、广西、重庆、四川、贵州、云南、陕西、甘肃、新疆、台湾
繁殖方式	匍匐茎、种子
生 境	路边、绿化带、荒地
传播方式	作为观赏等用途引种栽培后逸生
常见程度	++

小二仙草科 Haloragaceae

39. 粉绿狐尾藻

拉丁学名 *Myriophyllum aquaticum*

原 产 地 南美洲

国内分布 浙江（莲都、龙泉、青田、云和、庆元、缙云、遂昌、松阳、景宁）、江苏、江西、湖北、湖南、广西、四川、台湾

繁殖方式 种子、根状茎、茎段

生　　境 稻田、沟渠、溪流、池塘等

传播方式 作为水生观赏植物引入，随水流传播

常见程度 ++

柳叶菜科 Onagraceae

40. 细果草龙

拉丁学名	*Ludwigia leptocarpa*
原 产 地	美国佛罗里达州
国内分布	浙江（莲都、青田）、上海、江苏
繁殖方式	种子、根状茎
生　　境	水边、荒田
传播方式	无意带入，种子小且轻，易随河流和湿地扩散蔓延
常见程度	++

41. 草龙

拉丁学名	*Ludwigia hyssopifolia*
原 产 地	美洲热带地区
国内分布	浙江（莲都、青田、松阳）、福建、湖南、广东、广西、海南、云南、台湾、香港、澳门
繁殖方式	种子
生 境	水沟、河滩、塘边、湿地
传播方式	种子小且轻，随河流和湿地扩散蔓延
常见程度	+

42. 小花山桃草

拉丁学名	*Gaura parviflora*
原 产 地	北美中南部
国内分布	浙江（莲都）、北京、河北、辽宁、上海、江苏、安徽、山东、河南、湖北、云南、陕西
繁殖方式	种子
生　　境	路边、山坡
传播方式	无意带入或人为引种后逸生
常见程度	+

43. 月见草

拉丁学名　*Oenothera biennis*
原产地　北美洲东部
国内分布　浙江（莲都、缙云、景宁、松阳、遂昌）、北京、天津、河北、山西、内蒙古、
辽宁、吉林、黑龙江、上海、江苏、安徽、河南、湖北、湖南、广东、广西、
海南、重庆、四川、陕西
繁殖方式　种子
生　境　荒草地、公路边、房前屋后
传播方式　作为观赏植物引种栽培后逸生，种子细小易借风力传播
常见程度　+

44. 美丽月见草

拉丁学名　*Oenothera speciosa*
原 产 地　美国和墨西哥
国内分布　浙江（莲都、龙泉、青田、云和、庆元、缙云、遂昌、松阳、景宁）、北京、
　　　　　江苏、福建、安徽、江西
繁殖方式　种子
生　　境　路边、荒地、绿地
传播方式　作为观赏植物引种栽培，自播繁衍扩散
常见程度　++

45. 裂叶月见草

拉丁学名	*Oenothera laciniata*
原 产 地	美国东部至中部
国内分布	浙江（莲都、龙泉、青田、缙云）、上海、江苏、安徽、福建、江西、湖北、湖南、广东、台湾
繁殖方式	种子、地下宿根
生 境	低海拔开旷荒地、路边、田边
传播方式	种子细小，自播繁衍扩散
常见程度	++

大戟科 Euphorbiaceae

46. 白苞猩猩草

拉丁学名 *Euphorbia heterophylla*
原 产 地 美国南部至阿根廷和西印度洋群岛
国内分布 浙江（莲都、缙云）、天津、上海、江苏、福建、江西、山东、湖北、湖南、广东、广西、海南、重庆、四川、贵州、云南、陕西、新疆、台湾、香港、澳门
繁殖方式 种子
生 境 路边、荒地、沟边、田埂、河边
传播方式 随农事活动传播，亦借种子弹射自然扩散
常见程度 +

47. 飞扬草

拉丁学名	*Euphorbia hirta*
原 产 地	美国南部至阿根廷和西印度洋群岛
国内分布	浙江（莲都、龙泉、青田、云和、庆元、缙云、遂昌、松阳、景宁）、河北、福建、江西、湖北、湖南、广东、广西、海南、重庆、四川、贵州、云南、台湾、香港、澳门
繁殖方式	种子
生　　境	路旁、农田、草坪、墙角、荒地
传播方式	种子细小易脱落，借助水流、人类及动物活动扩散
常见程度	+++

48. 斑地锦

拉丁学名	*Euphorbia maculata*
原 产 地	加拿大和美国
国内分布	浙江（莲都、龙泉、青田、云和、庆元、缙云、遂昌、松阳、景宁）、北京、河北、山西、辽宁、吉林、黑龙江、上海、江苏、安徽、福建、江西、山东、河南、湖北、湖南、广东、广西、重庆、四川、贵州、陕西、新疆、台湾
繁殖方式	种子
生　境	路旁、农田、草坪、墙角、荒地、公园绿地
传播方式	种子细小易脱落，借助水流、人类及动物活动扩散
常见程度	+++

49. 匍匐大戟

拉丁学名	*Euphorbia prostrata*
原 产 地	美洲热带和亚热带地区
国内分布	浙江（莲都、缙云、景宁）、北京、江苏、福建、江西、山东、湖北、湖南、广东、广西、海南、四川、云南、甘肃、台湾、香港、澳门
繁殖方式	种子
生 　境	路旁、荒地
传播方式	种子细小易脱落，借助水流、人类及动物活动扩散
常见程度	++

50. 蓖麻

拉丁学名 *Ricinus communis*
原 产 地 东非
国内分布 浙江（莲都、龙泉、云和、庆元、遂昌、景宁）、北京、天津、河北、山西、内蒙古、辽宁、江苏、安徽、福建、江西、山东、河南、湖北、湖南、广东、广西、海南、重庆、四川、贵州、云南、西藏、陕西、甘肃、青海、宁夏、新疆、台湾、香港、澳门
繁殖方式 种子
生   境 村旁、荒地、沟渠边
传播方式 作为药用和油脂植物引种弃置后逸生，果实附着于动物皮毛或借鸟粪传播
常见程度 +

酢浆草科 Oxalidaceae

51. 关节酢浆草

拉丁学名	*Oxalis articulata*
原 产 地	南美洲
国内分布	浙江（莲都、庆元、缙云）、北京、江苏、安徽、山东、河南、湖北、湖南、云南、陕西
繁殖方式	种子、根状茎
生　　境	公园、路旁、草地
传播方式	作为观赏植物有意引入后，随带土苗木运输传播
常见程度	+

52. 红花酢浆草

拉丁学名	*Oxalis corymbosa*
原 产 地	南美洲热带地区
国内分布	浙江（莲都、龙泉、青田、云和、庆元、缙云、遂昌、松阳、景宁）、北京、天津、山西、辽宁、吉林、黑龙江、上海、江苏、安徽、福建、江西、山东、河南、湖北、湖南、广东、广西、海南、重庆、四川、贵州、云南、陕西、西藏、新疆、台湾、澳门
繁殖方式	种子、地下鳞茎
生　　境	路旁、庭院、公园、绿地、花盆
传播方式	作为观赏植物有意引入后，随带土苗木运输传播
常见程度	++

53. 紫叶酢浆草

拉丁学名	*Oxalis triangularis*
原 产 地	美洲热带地区
国内分布	浙江（莲都、龙泉、青田、云和、庆元、缙云、遂昌、松阳、景宁）、上海、河南、江西、湖北、广东、重庆、台湾
繁殖方式	种子、鳞茎
生　　境	绿化带、草坪
传播方式	作为观赏植物引入后，随带土苗木运输传播
常见程度	+

牻牛儿苗科 Geraniaceae

54. 野老鹳草

拉丁学名	*Geranium carolinianum*
原 产 地	北美洲
国内分布	浙江（莲都、龙泉、青田、云和、庆元、缙云、遂昌、松阳、景宁）、北京、天津、河北、山西、上海、江苏、安徽、福建、江西、山东、河南、湖北、湖南、广东、广西、四川、贵州、云南、陕西、西藏、台湾
繁殖方式	种子
生 境	荒坡、杂草丛、路旁、田间
传播方式	种子小、产量高，能短距离传播，易随人类活动扩散
常见程度	+++

伞形科 Apiaceae

55. 南美天胡荽

拉丁学名	*Hydrocotyle verticillata*
原产地	美洲热带地区
国内分布	浙江（莲都、龙泉、青田、云和、庆元、缙云、遂昌、松阳、景宁）、上海、江苏、安徽、福建、江西、湖南、广东、台湾、澳门
繁殖方式	根茎、种子
生　境	湿地、草坪、池塘、旱地
传播方式	作为水景植物引种栽培，随人类活动快速逸生
常见程度	++

56. 细叶旱芹

拉丁学名	*Cyclospermum leptophyllum*
原 产 地	南美洲
国内分布	浙江（莲都、龙泉、青田、云和、庆元、缙云、遂昌、松阳、景宁）、吉林、上海、江苏、安徽、福建、湖北、广东、广西、重庆、贵州、台湾、香港
繁殖方式	种子
生 境	田野荒地、路旁、草坪
传播方式	种子细小、量大，借助人类活动传播及自然扩散
常见程度	+++

夹竹桃科 Apocynaceae

57. 马利筋

拉丁学名	*Asclepias curassavica*
原 产 地	美洲热带地区
国内分布	浙江（莲都）、北京、天津、辽宁、黑龙江、上海、江苏、福建、江西、河南、湖北、湖南、广东、广西、海南、重庆、四川、贵州、云南、陕西、宁夏、台湾、香港
繁殖方式	种子
生　　境	草坪、路边
传播方式	作为观赏植物引种栽培
常见程度	+

茄科 Solanaceae

58. 假酸浆

拉丁学名	*Nicandra physalodes*
原 产 地	秘鲁
国内分布	浙江（莲都、庆元）、北京、天津、内蒙古、辽宁、黑龙江、上海、江苏、安徽、福建、江西、河南、湖北、湖南、广东、广西、海南、重庆、四川、贵州、云南、陕西、西藏、青海、新疆、宁夏、台湾、香港
繁殖方式	种子
生　　境	荒地、沟渠边、路边、村旁
传播方式	作为观赏和药用植物引种栽培后逸生
常见程度	+

59. 洋金花

拉丁学名 *Datura metel*

原 产 地 印度

国内分布 浙江（莲都、青田）、北京、河北、辽宁、吉林、黑龙江、江苏、安徽、福建、江西、河南、湖北、湖南、广东、广西、海南、重庆、四川、贵州、云南、陕西、青海、新疆、台湾、香港、澳门

繁殖方式 种子

生 境 山坡草地或住宅旁

传播方式 作为药用植物引种栽培后逸生

常见程度 +

60. 毛曼陀罗

拉丁学名	*Datura innoxia*
原 产 地	美国西南部至墨西哥
国内分布	浙江（莲都、景宁）、北京、天津、河北、黑龙江、上海、江苏、安徽、山东、河南、江西、湖北、湖南、广西、重庆、云南、陕西、新疆
繁殖方式	种子
生　境	荒地、住宅旁、向阳山坡
传播方式	作为观赏与药用植物引种栽培后逸生或通过货物和交通工具携带传播
常见程度	+

61. 苦蘵

拉丁学名　*Physalis angulata*

原 产 地　南美洲

国内分布　浙江（莲都、龙泉、青田、云和、庆元、缙云、遂昌、松阳、景宁）、北京、河北、内蒙古、辽宁、吉林、上海、江苏、安徽、福建、江西、山东、河南、湖北、湖南、广东、广西、海南、重庆、四川、贵州、云南、陕西、甘肃、宁夏、台湾、香港、澳门

繁殖方式　种子

生　境　山坡、林下、田边、路旁、湿地

传播方式　通过作物种子、货物及交通工具携带传播

常见程度　+

62. 少花龙葵

拉丁学名	*Solanum americanum*
原 产 地	南美洲
国内分布	浙江（莲都、龙泉、青田、云和、庆元、缙云、遂昌、松阳、景宁）、江苏、福建、江西、山东、河南、湖北、湖南、广东、广西、海南、重庆、四川、贵州、云南、西藏、陕西、台湾、澳门
繁殖方式	种子
生 境	林边荒地、草坪、路边、村旁
传播方式	自然扩散、鸟类传播
常见程度	++

63. 珊瑚樱

拉丁学名	*Solanum pseudocapsicum*
原 产 地	南美洲
国内分布	浙江（莲都、龙泉、青田、云和、庆元、缙云、遂昌、松阳、景宁）、河北、上海、江苏、福建、江西、山东、河南、湖北、湖南、广东、广西、海南、重庆、四川、贵州、云南、甘肃、西藏、陕西、台湾、澳门
繁殖方式	种子
生　　境	住宅旁、荒地
传播方式	作为观赏植物引入，随农作物、带土苗木、鸟类和水流传播
常见程度	++

64. 牛茄子

拉丁学名	*Solanum capsicoides*
原 产 地	巴西
国内分布	浙江（莲都、龙泉、松阳、景宁）、上海、江苏、安徽、福建、江西、河南、湖南、广东、广西、海南、重庆、四川、贵州、云南、陕西、台湾、香港
繁殖方式	种子
生　　境	路旁荒地、疏林或灌木丛中
传播方式	通过作物种子及交通工具携带传播
常见程度	+

65. 毛果茄

拉丁学名 *Solanum viarum*

原产地 巴西南部、巴拉圭、乌拉圭和阿根廷北部

国内分布 浙江（莲都、龙泉、庆元、缙云、松阳、景宁）、江苏、福建、湖北、湖南、
广东、广西、海南、重庆、四川、贵州、云南、西藏、新疆、台湾、香港

繁殖方式 种子

生　　境 荒地、草地、灌木丛、路旁

传播方式 通过牲畜和鸟类食用果实排便传播

常见程度 +

旋花科 Convolvulaceae

66. 茑萝

拉丁学名 *Ipomoea quamoclit*
原 产 地 美洲热带地区
国内分布 浙江（莲都、龙泉、青田、云和、庆元、缙云、遂昌、松阳、景宁）、北京、黑龙江、江苏、安徽、福建、江西、河南、湖北、广东、广西、海南、重庆、贵州、云南、陕西
繁殖方式 种子
生　　境 路旁、荒地
传播方式 作为观赏植物引种后逸生扩散
常见程度 +

67. 三裂叶薯

拉丁学名　*Ipomoea triloba*
原 产 地　美洲热带地区
国内分布　浙江（莲都、龙泉、青田、云和、庆元、缙云、遂昌、松阳、景宁）、安徽、广东、陕西
繁殖方式　种子
生　　境　路旁、荒草地、田野、草地、林地
传播方式　作为观赏植物引种后逸为野生而扩散蔓延
常见程度　+++

68. 瘤梗甘薯

拉丁学名	*Ipomoea lacunosa*
原 产 地	北美洲
国内分布	浙江（莲都、龙泉、青田、云和、庆元、缙云、遂昌、松阳、景宁）、天津、河北、上海、江苏、安徽、福建、河南、江西、山东、湖南、广西
繁殖方式	种子
生　　境	田边、路旁、河谷、宅园、果园、山坡、苗圃
传播方式	人工引种后逸生扩散
常见程度	++

69. 牵牛

拉丁学名	*Ipomoea nil*
原 产 地	美洲
国内分布	浙江（莲都、龙泉、青田、云和、庆元、缙云、遂昌、松阳、景宁）、北京、天津、河北、山西、辽宁、江苏、安徽、福建、江西、山东、河南、湖北、湖南、广东、广西、海南、重庆、四川、贵州、云南、陕西、台湾、香港
繁殖方式	种子
生　　境	田边、路旁、荒地、河谷、宅园、山坡
传播方式	作为观赏植物人工引种后逸生扩散
常见程度	++

菟丝子科 Cuscutaceae

70. 原野菟丝子

拉丁学名	*Cuscuta campestris*
原产地	北美洲
国内分布	浙江（莲都、龙泉、青田、云和、遂昌、景宁）、内蒙古、福建、湖南、广东、广西、贵州、新疆、台湾、香港
繁殖方式	种子
生境	路旁、田间，寄生在多种植物上
传播方式	无意引入，借助水流及苗木与土壤运输等传播
常见程度	+

马鞭草科 Verbenaceae

71. 柳叶马鞭草

拉丁学名　*Verbena bonariensis*
原 产 地　南美洲巴西、阿根廷等地
国内分布　浙江（莲都、龙泉、青田、云和、庆元、缙云、遂昌、松阳、景宁）、上海、安徽、甘肃
繁殖方式　种子
生　　境　路旁、荒地、河滩
传播方式　作为观赏植物引种后逸生扩散
常见程度　++

唇形科 Lamiaceae

72. 田野水苏

拉丁学名	*Stachys arvensis*
原 产 地	欧洲、非洲北部及美洲
国内分布	浙江（莲都、龙泉、青田、云和、庆元、缙云、遂昌、松阳、景宁）、上海、福建、江西、广东、广西、贵州、台湾
繁殖方式	种子、匍匐茎
生　　境	路边荒地及田间
传播方式	作为观赏植物引种后逸生扩散，匍匐茎生根能力强，蔓延迅速
常见程度	+++

车前科 Plantaginaceae

73. 北美车前

拉丁学名	*Plantago virginica*
原 产 地	北美洲
国内分布	浙江（莲都、龙泉、青田、云和、庆元、缙云、遂昌、松阳、景宁）、河北、上海、江苏、安徽、福建、江西、山东、湖北、湖南、广西、台湾
繁殖方式	种子
生 境	路边、山坡、草坪、荒地、河滩、菜地
传播方式	种子量大，遇水产生黏性，借助人、动物、交通工具传播
常见程度	+++

玄参科 Scrophulariaceae

74. 直立婆婆纳

拉丁学名	*Veronica arvensis*
原产地	欧洲
国内分布	浙江（莲都、龙泉、青田、云和、庆元、缙云、遂昌、松阳、景宁）、北京、上海、江苏、安徽、福建、河南、湖北、广东、广西、重庆、四川、贵州、云南、甘肃
繁殖方式	种子
生　境	路边、草地、田边、果园、荒地
传播方式	无意引入，通过园林植物引种扩散，借助风力、水流、人畜活动等传播
常见程度	+++

75. 阿拉伯婆婆纳

<table>
<tr><td>拉丁学名</td><td>Veronica persica</td></tr>
<tr><td>原产地</td><td>西亚和欧洲</td></tr>
<tr><td>国内分布</td><td>浙江（莲都、龙泉、青田、云和、庆元、缙云、遂昌、松阳、景宁）、北京、河北、上海、江苏、安徽、福建、江西、山东、河南、湖北、湖南、广东、广西、重庆、四川、贵州、云南、西藏、陕西、新疆、台湾</td></tr>
<tr><td>繁殖方式</td><td>种子、茎段</td></tr>
<tr><td>生　境</td><td>路边、荒地、宅旁、菜地、农田等处</td></tr>
<tr><td>传播方式</td><td>无意引入，借助风力、水流、人畜活动等传播，利用不定根和匍匐茎扩张</td></tr>
<tr><td>常见程度</td><td>+++</td></tr>
</table>

76. 婆婆纳

拉丁学名	*Veronica polita*
原 产 地	西亚
国内分布	浙江（莲都、龙泉、青田、云和、庆元、缙云、遂昌、松阳、景宁）、北京、河北、山西、上海、江苏、安徽、福建、江西、山东、河南、湖北、湖南、广东、广西、重庆、四川、贵州、云南、西藏、陕西、甘肃、新疆、台湾
繁殖方式	种子、茎段
生　　境	荒地、林缘、路旁
传播方式	无意引入，借助风力、水流、人畜活动等传播，利用不定根和匍匐茎扩张
常见程度	++

77. 加拿大柳蓝花

拉丁学名	*Nuttallanthus canadensis*
原 产 地	加拿大、美国
国内分布	浙江（莲都）、江西、福建、台湾等
繁殖方式	种子
生 境	路边、荒地
传播方式	随苗木运输等传播
常见程度	+

桔梗科 Campanulaceae

78. 穿叶异檐花

拉丁学名 *Triodanis perfoliata*
原产地 北美洲
国内分布 浙江（莲都、龙泉、青田、缙云、景宁）、安徽、福建、江西、湖北、台湾
繁殖方式 种子
生境 路边、荒地
传播方式 无意引入，自然扩散
常见程度 ++

79. 卵叶异檐花

拉丁学名	*Triodanis biflora*
原 产 地	北美洲
国内分布	浙江（莲都、龙泉、青田、云和、庆元、缙云、遂昌、松阳、景宁）、安徽、福建、河南、江西、湖南、台湾
繁殖方式	种子
生　　境	路边、荒地、草坪
传播方式	无意引入，自然扩散
常见程度	++

茜草科 Rubiaceae

80. 盖裂果

拉丁学名	*Mitracarpus hirtus*
原 产 地	美洲热带地区
国内分布	浙江（莲都）、北京、福建、江西、广东、广西、海南、云南、香港、澳门
繁殖方式	种子
生 境	公路两旁荒地
传播方式	无意引入，借风力或人工引种传播
常见程度	+

81. 阔叶丰花草

拉丁学名	*Spermacoce alata*
原 产 地	南美洲热带地区
国内分布	浙江（莲都、青田、云和、景宁）、福建、江西、广东、海南、台湾、香港、澳门
繁殖方式	种子、茎节
生　　境	多见于废墟、荒地、水沟边等
传播方式	作为饲料或绿肥引入栽培，随苗木运输等扩散，断茎节能长成新植株
常见程度	++

菊科 Asteraceae

82. 野莴苣

拉丁学名 *Lactuca serriola*

原产地 地中海地区

国内分布 浙江（莲都、龙泉、青田、云和、庆元、缙云、遂昌、松阳、景宁）、河北、辽宁、吉林、江苏、安徽、福建、山东、河南、江西、湖北、湖南、重庆、四川、陕西、甘肃、新疆、香港

繁殖方式 种子

生　境 路边、荒地、绿地

传播方式 种子借风力传播，迅速扩散

常见程度 +++

83. 续断菊

拉丁学名	*Sonchus asper*
原 产 地	地中海地区
国内分布	浙江（莲都、龙泉、青田、云和、庆元、缙云、遂昌、松阳、景宁）、北京、天津、山西、辽宁、吉林、黑龙江、上海、江苏、安徽、福建、江西、山东、河南、湖北、湖南、广西、重庆、四川、贵州、云南、陕西、甘肃、青海、宁夏、新疆
繁殖方式	种子
生　　境	山坡、林缘、绿地、荒地、水边
传播方式	冠毛发达，可借风力传播
常见程度	+++

84. 药用蒲公英

拉丁学名	*Taraxacum officinale*
原 产 地	欧洲
国内分布	浙江（莲都、龙泉、青田、云和、庆元、缙云、遂昌、松阳、景宁）、河北、山西、黑龙江、上海、江苏、江西、河南、广东、重庆、四川、陕西、青海、甘肃、新疆、台湾、香港
繁殖方式	种子
生　　境	绿化带、路边、荒地，亦见栽培
传播方式	冠毛发达可借风力传播，果体上部具尖刺，亦可附着衣物、动物皮毛传播
常见程度	++

85. 匙叶鼠麴草

拉丁学名	*Gamochaeta pensylvanica*
原 产 地	美洲
国内分布	浙江（莲都、龙泉、青田、云和、庆元、缙云、遂昌、松阳、景宁）、福建、江西、广东、广西、海南、四川、贵州、云南、西藏、台湾
繁殖方式	种子
生　　境	荒地、路边、农田、果园、草地等
传播方式	借助交通工具及风力传播
常见程度	+++

86. 藿香蓟

<table>
<tr><td>拉丁学名</td><td>Ageratum conyzoides</td></tr>
<tr><td>原 产 地</td><td>中南美洲</td></tr>
<tr><td>国内分布</td><td>浙江（莲都、龙泉、青田、云和、庆元、缙云、遂昌、松阳、景宁）、山西、黑龙江、上海、江苏、安徽、福建、江西、山东、河南、湖北、湖南、广东、广西、海南、重庆、四川、贵州、云南、西藏、陕西、台湾、香港、澳门</td></tr>
<tr><td>繁殖方式</td><td>种子</td></tr>
<tr><td>生 境</td><td>山谷、山坡、林下或林缘、河边、村边、路边、荒地</td></tr>
<tr><td>传播方式</td><td>作为观赏植物引种后逸生，种子量大，借风力传播</td></tr>
<tr><td>常见程度</td><td>+++</td></tr>
</table>

87. 假臭草

拉丁学名	*Praxelis clematidea*
原 产 地	南美洲
国内分布	浙江（莲都、青田）、辽宁、福建、江西、广东、广西、海南、云南、台湾、澳门
繁殖方式	种子
生　　境	山坡、路旁、溪边、荒地、草地
传播方式	无意引入，通过风力、人为和交通工具携带传播扩散
常见程度	++

88. 加拿大一枝黄花

拉丁学名	*Solidago canadensis*
原 产 地	北美洲
国内分布	浙江（莲都、龙泉、青田、云和、庆元、缙云、遂昌、松阳、景宁）、上海、江苏、安徽、江西、山东、湖北、湖南、广东、广西、重庆、四川、云南、新疆、台湾
繁殖方式	根状茎、种子
生　　境	疏林下、公路边、铁道边、村边、苗圃、绿地
传播方式	借风力、鸟类、车辆运输等实现远距离扩散，亦借根状茎辐射伸展长出新株
常见程度	++

89. 钻叶紫菀

拉丁学名	*Symphyotrichum subulatum*
原产地	北美洲
国内分布	浙江（莲都、龙泉、青田、云和、庆元、缙云、遂昌、松阳、景宁）、安徽、澳门、北京、重庆、福建、甘肃、广东、广西、贵州、河北、河南、湖北、湖南、江苏、江西、辽宁、陕西、山东、上海、四川、台湾、天津、香港、云南
繁殖方式	种子
生　境	路旁、草地、沟渠、稻田边缘
传播方式	果具冠毛，借助风力传播
常见程度	+++

90. 一年蓬

拉丁学名	*Erigeron annuus*
原 产 地	北美洲
国内分布	浙江（莲都、龙泉、青田、云和、庆元、缙云、遂昌、松阳、景宁）、北京、天津、河北、山西、内蒙古、辽宁、吉林、黑龙江、上海、江苏、安徽、福建、江西、山东、河南、湖北、湖南、广东、广西、重庆、四川、贵州、云南、西藏、陕西、甘肃、台湾
繁殖方式	种子
生　　境	路边旷野或山坡荒地
传播方式	果具冠毛，借助风力传播扩散
常见程度	+++

91. 春飞蓬

拉丁学名	*Erigeron philadelphicus*
原 产 地	北美洲
国内分布	浙江（莲都、龙泉、青田、云和、庆元、缙云、遂昌、松阳、景宁）、安徽、贵州、江苏、上海、四川
繁殖方式	种子
生　　境	路边、旷野、山坡、果园
传播方式	种子轻且小，易随风扩散
常见程度	++

92. 苏门白酒草

拉丁学名 *Erigeron sumatrensis*

原 产 地 南美洲

国内分布 浙江（莲都、龙泉、青田、云和、庆元、缙云、遂昌、松阳、景宁）、河北、江苏、安徽、福建、江西、山东、河南、湖北、湖南、广东、广西、重庆、四川、贵州、云南、西藏、陕西、甘肃、台湾、香港

繁殖方式 种子

生　　境 山坡草地、旷野、路旁、农田、果园

传播方式 通过风力、人类活动和交通工具携带传播

常见程度 +++

93. 小蓬草

拉丁学名	*Erigeron canadensis*
原 产 地	北美洲
国内分布	浙江（莲都、龙泉、青田、云和、庆元、缙云、遂昌、松阳、景宁）、北京、天津、河北、山西、辽宁、吉林、黑龙江、江苏、安徽、福建、江西、山东、河南、湖北、湖南、广东、广西、海南、重庆、四川、贵州、云南、西藏、陕西、甘肃、新疆、台湾、香港
繁殖方式	种子
生　　境	旷野、荒地、田边和路旁
传播方式	果具冠毛，借助风力传播扩散
常见程度	+++

94. 光茎飞蓬

拉丁学名	*Conyza canadensis* var. *pusillus*
原产地	北美洲
国内分布	浙江（莲都、龙泉、青田、云和）、台湾
繁殖方式	种子
生　境	旷野、荒地、田边和路旁
传播方式	果具冠毛，借助风力传播扩散
常见程度	++

95. 香丝草

拉丁学名	*Erigeron bonariensis*
原 产 地	南美洲
国内分布	浙江（莲都）、河北、江苏、安徽、福建、江西、山东、河南、湖北、湖南、广东、广西、海南、重庆、四川、贵州、云南、西藏、陕西、甘肃、台湾、香港
繁殖方式	种子
生　　境	荒地、田边、路旁
传播方式	果具冠毛，借助风力传播扩散
常见程度	+

96. 野茼蒿

拉丁学名	*Crassocephalum crepidioides*
原 产 地	非洲
国内分布	浙江（莲都、龙泉、青田、云和、庆元、缙云、遂昌、松阳、景宁）、北京、黑龙江、安徽、福建、江西、湖北、湖南、广东、广西、海南、重庆、四川、贵州、云南、西藏、甘肃、台湾
繁殖方式	种子
生　　境	山坡、水边、荒地、灌丛
传播方式	果具冠毛，借助风力传播扩散
常见程度	+++

97. 梁子菜

拉丁学名	*Erechtites hieraciifolius*
原 产 地	美洲热带地区
国内分布	浙江（莲都、青田、云和、庆元、缙云、遂昌、景宁）、福建、湖北、湖南、广东、广西、海南、四川、贵州、云南、台湾
繁殖方式	种子
生　　境	山坡林缘、路边草丛
传播方式	果具冠毛，借助风力传播扩散
常见程度	+

98. 裸柱菊

拉丁学名	*Soliva anthemifolia*
原 产 地	南美洲
国内分布	浙江（莲都、龙泉、青田、云和、庆元、缙云、遂昌、松阳、景宁）、上海、江苏、安徽、福建、湖南、广东、广西、海南、四川、台湾、香港、澳门
繁殖方式	种子
生　　境	荒地、田野、路旁、绿地
传播方式	随农事活动、水流传播扩散
常见程度	+++

99. 豚草

拉丁学名	*Ambrosia artemisiifolia*
原 产 地	美国和加拿大南部
国内分布	浙江（莲都、青田）、北京、河北、内蒙古、辽宁、吉林、黑龙江、上海、江苏、安徽、福建、江西、山东、湖北、湖南、广东、广西、陕西、台湾、香港
繁殖方式	种子
生 境	荒地、路边、绿地
传播方式	无意带入，种子借风力、水流、动物等传播
常见程度	+

100. 串叶松香草

拉丁学名　*Silphium perfoliatum*

原 产 地　北美洲

国内分布　浙江（莲都、庆元）、北京、天津、山西、辽宁、黑龙江、上海、江苏、安徽、
江西、山东、湖北、广西、重庆、新疆

繁殖方式　种子

生　　境　房前屋后、荒地

传播方式　作为饲料和观赏植物引种栽培后逸生

常见程度　+

101. 粗毛牛膝菊

拉丁学名	*Galinsoga quadriradiata*
原 产 地	墨西哥
国内分布	浙江（莲都、龙泉、青田、云和、庆元、缙云、遂昌、松阳、景宁）、辽宁、黑龙江、上海、江苏、安徽、江西、重庆、四川、贵州、云南、陕西、台湾
繁殖方式	种子
生 境	田间、溪边、林下、荒野等
传播方式	种子具短硬毛，可黏附于人畜传播扩散
常见程度	+++

102. 秋英

拉丁学名	*Cosmos bipinnatus*
原 产 地	墨西哥和美国
国内分布	浙江（莲都、龙泉、青田、云和、庆元、缙云、遂昌、松阳、景宁）、北京、天津、内蒙古、辽宁、吉林、黑龙江、河北、江苏、安徽、福建、山东、河南、江西、湖北、湖南、广东、广西、重庆、四川、贵州、云南、陕西、台湾、澳门
繁殖方式	种子
生　境	路旁、草坡、荒野
传播方式	人工引种栽培后逸生
常见程度	++

103. 鬼针草

拉丁学名	*Bidens pilosa*
原 产 地	美洲
国内分布	浙江（莲都、龙泉、青田、云和、庆元、缙云、遂昌、松阳、景宁）、北京、天津、河北、山西、辽宁、上海、江苏、安徽、福建、江西、山东、河南、湖北、湖南、广东、广西、海南、重庆、四川、贵州、云南、西藏、陕西、甘肃、台湾、香港
繁殖方式	种子
生 境	村旁、路边、荒地
传播方式	果实具倒刺，可附着于动物或人身上传播
常见程度	++

104. 白花鬼针草

拉丁学名	*Bidens alba*
原 产 地	美洲热带地区
国内分布	浙江（莲都、龙泉、青田、云和、庆元、缙云、遂昌、松阳、景宁）、安徽、福建、江西、广东、广西、四川、贵州、台湾
繁殖方式	种子
生 境	撂荒地、村旁、路边、农田等
传播方式	果实借风力和水流传播，或附着于动物或人身上传播
常见程度	++

105. 婆婆针

拉丁学名	*Bidens bipinnata*
原产地	美洲
国内分布	浙江（莲都、龙泉、缙云、遂昌、松阳、景宁）、北京、天津、河北、山西、辽宁、黑龙江、江苏、安徽、福建、江西、山东、河南、湖北、湖南、广东、广西、海南、重庆、四川、贵州、云南、陕西、甘肃、宁夏、台湾、香港
繁殖方式	种子
生　　境	路边、荒地、山坡、田间
传播方式	果实借风力和水流传播，或附着于动物或人身上传播
常见程度	+

106. 大狼耙草

拉丁学名	*Bidens frondosa*
原 产 地	北美洲
国内分布	浙江（莲都、龙泉、青田、云和、庆元、缙云、遂昌、松阳、景宁）、北京、河北、吉林、黑龙江、辽宁、上海、江苏、安徽、江西、山东、湖北、湖南、重庆、贵州、云南、甘肃
繁殖方式	种子
生 境	山坡灌丛、城乡路旁、荒地、田间、沟边
传播方式	果实借风力和水流传播，或附着于动物或人身上传播
常见程度	+++

107. 大花金鸡菊

拉丁学名	*Coreopsis grandiflora*
原 产 地	美洲
国内分布	浙江（莲都、龙泉、青田、云和、庆元、缙云、遂昌、松阳、景宁）、江苏、安徽、江西、山东、湖南、云南、陕西
繁殖方式	种子
生 境	路旁、荒坡
传播方式	作为观赏植物引种栽培后逸生
常见程度	++

108. 两色金鸡菊

拉丁学名	*Coreopsis tinctoria*
原 产 地	北美洲
国内分布	浙江（莲都、云和）、北京、辽宁、黑龙江、江苏、福建、江西、山东、河南、湖北、湖南、广东、广西、海南、重庆、贵州、陕西、新疆、台湾
繁殖方式	种子
生　　境	路旁、荒坡
传播方式	作为观赏植物引种栽培后逸生
常见程度	+

109. 菊芋

拉丁学名	*Helianthus tuberosus*
原 产 地	北美洲
国内分布	浙江（莲都、龙泉、青田、云和、庆元、缙云、遂昌、松阳、景宁）、北京、天津、河北、山西、辽宁、江苏、安徽、福建、江西、山东、河南、湖北、湖南、广东、广西、海南、重庆、四川、贵州、云南、西藏、陕西、甘肃、青海、新疆、香港
繁殖方式	块茎
生　　境	路旁、田野、河滩、荒地
传播方式	作为食物引种栽培后逸生于周边环境
常见程度	+

天南星科 Araceae

110. 大薸

拉丁学名	*Pistia stratiotes*
原 产 地	巴西、玻利维亚和巴拉圭
国内分布	浙江（莲都、龙泉、青田、云和、庆元、缙云、遂昌、松阳、景宁）、天津、江苏、安徽、福建、江西、山东、河南、湖北、湖南、广东、广西、海南、重庆、四川、云南、西藏、台湾、澳门
繁殖方式	分株
生　　境	池塘、稻田及流动缓慢的河道、沟渠、湖泊
传播方式	作为观赏植物引种栽培遗弃后扩散，经水流传播
常见程度	+++

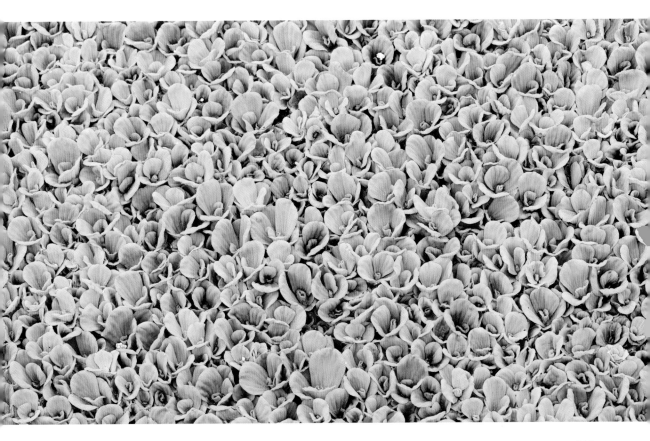

鸭跖草科 Commelinaceae

111. 白花紫露草

拉丁学名	*Tradescantia fluminensis*
原 产 地	巴西至阿根廷的热带雨林地区
国内分布	浙江（莲都、龙泉、缙云）、福建、广东、江西、台湾等
繁殖方式	茎段
生　　境	路边灌丛、岩壁、河边、园林绿地
传播方式	作为观赏植物引种栽培后逃逸或茎段随带土苗木传播扩散
常见程度	+

112. 吊竹梅

拉丁学名	*Tradescantia zebrina*
原产地	墨西哥和中美洲
国内分布	浙江（莲都、云和）、福建、广东、广西、云南、台湾、香港、澳门
繁殖方式	茎节
生　境	路边、荒地、草丛、园林绿地
传播方式	作为观赏植物引种栽培后逸生或茎段随带土苗木传播扩散
常见程度	+

禾本科 Gramineae

113. 野燕麦

拉丁学名	*Avena fatua*
原 产 地	欧洲、中亚及亚洲西南部
国内分布	浙江（莲都、龙泉、青田、云和、庆元、缙云、遂昌、松阳、景宁）、北京、天津、河北、山西、内蒙古、辽宁、吉林、黑龙江、上海、江苏、安徽、福建、江西、山东、河南、湖北、湖南、广东、广西、重庆、四川、贵州、云南、西藏、陕西、甘肃、青海、宁夏、新疆
繁殖方式	种子、分蘖
生 境	荒山、荒地、田间、路边
传播方式	无意引入，种子借风力、水流、农机具、动物粪便等传播
常见程度	++

114. 扁穗雀麦

拉丁学名	*Bromus catharticus*
原 产 地	南美洲
国内分布	浙江（莲都、龙泉、景宁）、北京、天津、内蒙古、辽宁、黑龙江、上海、江苏、安徽、福建、广西、贵州、云南、陕西、青海、台湾
繁殖方式	种子、分蘖
生　　境	山坡荫蔽处、林下、路旁、荒地、田边、河边等
传播方式	作为牧草引种栽培逸生
常见程度	++

115. 虎尾草

拉丁学名	*Chloris virgata*
原 产 地	非洲
国内分布	浙江（缙云）、北京、天津、河北、山西、内蒙古、辽宁、吉林、黑龙江、上海、江苏、安徽、福建、江西、山东、河南、湖北、湖南、广东、四川、贵州、云南、西藏、陕西、甘肃、青海、宁夏、新疆、台湾、香港
繁殖方式	种子
生 境	路边草丛
传播方式	人为引种栽培后逸生
常见程度	+

116. 多花黑麦草

拉丁学名　*Lolium multiflorum*
原 产 地　欧洲中部和南部、非洲西北部及亚洲西南部等
国内分布　浙江（莲都）、北京、河北、内蒙古、辽宁、吉林、上海、江苏、安徽、福建、
江西、山东、河南、湖北、湖南、广东、广西、重庆、四川、贵州、云南、
西藏、陕西、甘肃、青海、宁夏、新疆
繁殖方式　种子
生　　境　路边荒地、农田周围、园林绿地、草坪
传播方式　人为引种栽培后逸生
常见程度　+

117. 黑麦草

拉丁学名	*Lolium perenne*
原 产 地	欧洲大部分地区、非洲北部、中东地区和中亚
国内分布	浙江（莲都）、北京、天津、河北、内蒙古、辽宁、吉林、黑龙江、山西、上海、江苏、安徽、福建、江西、山东、河南、湖北、湖南、广东、广西、重庆、四川、贵州、云南、西藏、陕西、甘肃、青海、宁夏、新疆、台湾、香港
繁殖方式	种子
生　　境	路边草丛、荒地、灌丛、公园绿地等
传播方式	人为引种栽培、草食动物携带
常见程度	+

118. 硬直黑麦草

拉丁学名　*Lolium rigidum*
原 产 地　欧洲南部、地中海地区、北非、中东及亚洲西南部
国内分布　浙江（莲都、龙泉、青田、云和、缙云）、江苏、河南、甘肃
繁殖方式　种子
生　　境　路边荒地、农田果园、公园绿化、山坡草地、林缘等处
传播方式　随引种栽培等传播扩散
常见程度　++

119. 洋野黍

拉丁学名	*Panicum dichotomiflorum*
原 产 地	北美洲
国内分布	浙江（莲都、缙云）、福建、江西、广东、广西、海南、云南、台湾
繁殖方式	种子
生　　境	路边、荒地、溪滩
传播方式	借风力、水流、动物粪便传播
常见程度	+

120. 丝毛雀稗

拉丁学名 *Paspalum urvillei*

原 产 地 南美洲

国内分布 浙江（莲都、青田、云和、缙云）、福建、广东、广西、贵州、湖南、江西、台湾、香港、云南

繁殖方式 种子、根茎

生　　境 路边荒地、草地、溪滩、林缘等

传播方式 人为引种栽培、动物传播

常见程度 +

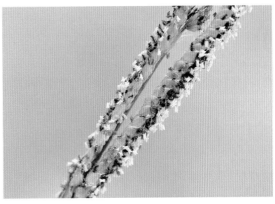

121. 两耳草

拉丁学名	*Paspalum conjugatum*
原 产 地	美洲热带地区
国内分布	浙江（莲都、松阳）、湖南、广东、广西、海南、重庆、云南、台湾、香港、澳门
繁殖方式	种子、根状茎
生 境	路边荒地、草地、农田、果园等
传播方式	随土壤运输、苗木交易或运输等传播
常见程度	+

莎草科 Cyperaceae

122. 风车草

拉丁学名	*Cyperus involucratus*
原产地	东非、阿拉伯半岛
国内分布	浙江（莲都、龙泉、青田、云和、庆元、缙云、遂昌、松阳、景宁）、福建、江西、湖南、广东、广西、海南、重庆、四川、贵州、云南、台湾、香港、澳门
繁殖方式	种子、根茎
生　　境	湿地、河流沿岸、池塘边等
传播方式	作为观赏植物引种栽培后逸生
常见程度	++

竹芋科 Marantaceae

123. 再力花

拉丁学名	*Thalia dealbata*
原 产 地	美国、墨西哥
国内分布	浙江（莲都、龙泉、青田、云和、庆元、缙云、遂昌、松阳、景宁）、上海、江苏、安徽、福建、湖南、江西
繁殖方式	根茎、种子
生 境	湿地、河流、沼泽、池塘
传播方式	作为观赏植物引种栽培后根茎萌发逸生
常见程度	+

雨久花科 Pontederiaceae

124. 凤眼蓝

拉丁学名	*Eichhornia crassipes*
原 产 地	巴西亚马孙河流域
国内分布	浙江（莲都、龙泉、青田、云和、庆元、缙云、遂昌、松阳、景宁）、天津、河北、辽宁、上海、江苏、安徽、福建、江西、山东、湖北、湖南、广东、广西、重庆、四川、贵州、云南、台湾、香港
繁殖方式	匍匐茎产生新植株
生　　境	水塘、沟渠、水流缓慢的河道、湿地及稻田
传播方式	作为观赏植物及饲料引种，叶柄具气囊，植株飘浮水面随风或水流扩散
常见程度	+++

鸢尾科 Iridaceae

125. 黄菖蒲

拉丁学名	*Iris pseudacorus*
原产地	非洲北部、欧洲至西亚
国内分布	浙江（莲都）、江苏、江西、福建、广西、湖南、湖北、重庆、台湾等
繁殖方式	种子、根茎
生 境	池塘、沟渠、湿地
传播方式	作为观赏植物引种，种子随水流传播，根茎生发和茎节处发芽形成新植株
常见程度	+

龙舌兰科 Agavaceae

126. 龙舌兰

拉丁学名	*Agave americana*
原 产 地	北美洲
国内分布	浙江（莲都、龙泉、景宁）、福建、广东、广西、海南、四川、重庆、陕西、香港、云南
繁殖方式	根茎、种子
生　境	路边荒地、河岸边、林缘、村旁
传播方式	人工栽培后逸生；开花仅一次，结果后种子可通过风力或水流传播
常见程度	+

参考文献

陈征海，陈锋，谢文远，等，2019.浙江种子植物资料增补：Ⅱ［J］.浙江林业科技，39（2）：56-63.

丁炳扬，胡仁勇，2011.温州外来入侵植物及其研究［M］.杭州：浙江科学技术出版社.

金效华，林秦文，赵宏，2020.中国外来入侵植物志：第四卷［M］.上海：上海交通大学出版社.

刘全儒，张勇，齐淑艳，2020.中国外来入侵植物志：第三卷［M］.上海：上海交通大学出版社.

马金双，2013.中国入侵植物名录［M］.北京：高等教育出版社.

王瑞江，王发国，曾宪锋，2020.中国外来入侵植物志：第二卷［M］.上海：上海交通大学出版社.

徐海根，强胜.2018.中国外来入侵生物：上［M］.北京：科学出版社.

徐海根，强胜.2018.中国外来入侵生物：下［M］.北京：科学出版社.

闫小玲，严靖，王樟华，等，2020.中国外来入侵植物志：第一卷［M］.上海：上海交通大学出版社.

严靖，闫小玲，马金双，2016.中国外来入侵植物彩色图鉴［M］.上海：上海科学技术出版社.

严靖，唐赛春，李惠茹，等，2020.中国外来入侵植物志：第五卷［M］.上海：上海交通大学出版社.

《浙江植物志（新编）》编辑委员会，2021.浙江植物志：新编：第二卷［M］.杭州：浙江科学技术出版社.

中文名索引

拉丁名索引